·有趣的科学法庭·

失踪的章鱼

[韩] 郑玩相 著
牛林杰 王宝霞 等译

科学普及出版社
·北京·

郑玩相

作者简介

郑玩相，1985年毕业于韩国首尔大学无机材料工学系，1992年凭借超重力理论取得韩国科学技术院理论物理学博士学位。从1992年起，在国立庆尚大学基础科学部担任老师。先后在国际学术刊物上发表有关重力理论、量子力学对称性、应用数学以及数学·物理领域的100余篇论文。2000年担任晋州MBC“生活中的物理学”直播节目的嘉宾。

主要著作有《通过郑玩相教授模式学到的中学数学》、《有趣的科学法庭·物理法庭》（1~20），《有趣的科学法庭·生物法庭》（1~20），《有趣的科学法庭·数学法庭》（1~20），《有趣的科学法庭·地球法庭》（1~20），《有趣的科学法庭·化学法庭》（1~20）。还有专门为小学生讲解科学理论的《科学家们讲科学故事》系列丛书、《爱因斯坦讲相对性原理的故事》、《高斯讲数列理论的故事》、《毕达哥拉斯讲三角形的故事》、《居里夫人讲辐射线的故事》、《法拉第讲电磁铁与电动机的故事》等。

生活中一堂别开生面的科学课

“生物”与“法庭”是风马牛不相及的两个词语，对大家来说，也是不太容易理解的两个概念。虽然如此，本书的书名中却标有“生物法庭”这样的字眼，但大家千万不要因此就认为本书的内容很难理解。

虽然我学的是与法律无关的基础科学，但是我以“法庭”来命名此书是有缘由的。

本书从日常生活中经常接触到的一些棘手案件入手，试图运用生物学原理逐步解决。然而，判断这些大大小小事件的是非对错需要借助于一个舞台，于是“法庭”便作为这样一个舞台应运而生。

那么为什么必须叫“法庭”呢？最近出现了很多像《所罗门的选择》（韩国著名电视节目）那样，借助法律手段来解决日常生活中的棘手事件的电视节目。这类节目通过诙谐幽默的人物形象，妙趣横生的案件解决过程，将法律知识讲解得浅显易懂、妙趣横生，深受广大电视观众的喜爱。因而，本书也借助法庭的形式，尽最大努力让大家的生物学习过程变得轻松愉快、有滋有味。

读完本书后，大家一定会惊异于自己的变化。因为大家对科学的畏惧感已全然消失，取而代之的已是对科学问题的无限好奇。当然大家的科学成绩也会像“芝麻开花节节高”。

此书得以付梓，离不开很多人的帮助，在这里，我要特别感谢给我以莫大勇气与鼓励的韩国子音和母音株式会社社长姜炳哲先生。韩国子音和母音株式会社的朋友们为了这一系列图书的成功出版，牺牲了很多宝贵的时间，做出了很大的努力，在此我要向他们致以我最诚挚的感谢。同时，我还要感谢韩国晋州“SCICOM”科学创作社团的朋友们对我工作的鼎力协助。

郑玩相
作于晋州

目 录

生物法庭的诞生

从前有一个叫作科学王国的国家。这里生活着一群热爱科学、崇尚科学的人们。在这个国家周围，有喜爱音乐的人们居住的音乐王国，有喜欢魔术的人们居住的魔术王国，还有鼓励工业发展的工业王国等等。

虽然科学王国的每个公民都十分热爱科学，但由于科学的范围广泛，所以每个人喜欢的科目和领域不是很一样。有的人喜欢数学，有的人喜欢物理，还有的人喜欢化学。然而在生物这个神奇的领域，科学王国公民的水平实在是令人不敢恭维。如果让农业王国的孩子们与科学王国的孩子们进行一场生物知识竞赛，农业王国的孩子们的分数反而会遥遥领先。

特别是最近，随着网络在整个王国的普及，很多科学王国的孩子们沉迷于网络游戏，使得他们的科学水平降到了平均线之下。同时自然科学辅导和补习班开始风靡于整个科学王国。在这种漩涡中，一些没有水平、实力和资格的自然科学老师大量出现，不负责任地向孩子们教授一些不正确的自然科学知识。

在生活中到处都有生物的影子，然而由于科学王国的人们对生物知识的缺乏，由生物相关问题所引发的争议也持续不断。因此科学王国的博学总统召集各部部长，专门针对生物问题，召开了一次集体会议。

总统有气无力地说道："最近的生物纠纷如何处理是好啊？"

法务部部长自信满满地说："在宪法中加入生物部分的条款怎么样？"

总统皱了皱眉，有些不太满意："效果会不会不太理想？"

生物部部长提议说："那设立一个新的法庭来解决与生物有关的纠纷怎么样？"

“正合我意！科学王国就应该有个那样的法庭嘛，这样，一切问题就迎刃而解了。嗯……设立个生物法庭就可以了。然后再将法庭的案例登载到报纸上，人们就能够分清是非对错，和谐相处啦。”总统终于露出了欣慰的笑容。

“那么国会是不是要制定新的生物法呢？”法务部部长对这个决定似乎有些不满。

“生物是我们生活的地球上的一种自然存在。在生物问题上，每个人都会得出同样的结论，所以生物法庭并不需要新的法律。如果涉及到银河系的其他案子或许会需要……”生物部部长反驳道。

“嗯，是啊。”总统似乎已经拿定了主意。

就这样，科学王国很快成立了生物法庭来解决各种生物纠纷。

生物法庭的首任审判长是著有多部生物著作的盛务通博士。另外，法庭还选出了两名律师：一位是名叫盛务盲的四十多岁男性，不过，他虽然毕业于生物专业但对生物知识却只是一知半解，可以说是一个生物盲；另一位是从小就囊获各种生物竞赛一等奖的生物天才BO律师。

这样一来，科学王国的人们就可以通过生物法庭妥善地处理各种生物纠纷了。

海洋动物的相关案件

鲨鱼和干电池

鲨鱼不用视觉和嗅觉是如何找到猎物的呢？

带鱼的泳姿

带鱼游泳时的样子与其他鱼有什么不同呢？

甲鱼温顺吗？

随便摸甲鱼会有什么危险呢？

失踪的章鱼

章鱼能钻进比自己身体小很多的缝隙吗？

雄海马生孩子？

李海马先生把雄海马生孩子的场面拍摄了下来，并且准备写成论文，这有什么错？

鲨鱼和干电池

鲨鱼不用视觉和嗅觉是如何找到猎物的呢？

科学王国南部有个名叫玩玩城的小城。只要一到夏天，金避暑先生就会带着全家人来这里避暑。最近玩玩城的南海岸建成了一个名叫范特西的海水浴场，金避暑先生听说这个消息后决定带着全家人去那里游玩。

“真是个不错的地方。”

金避暑先生的妻子韩浪漫小姐惊喜地感叹道。

“这里的知名度还不高，游客很少，所以海水非常清澈。而且这里的海水很深，水里几乎没有垃圾。”

金避暑先生望着碧蓝的大海很是开心，幸福地与妻子一起享受这美好的时光。

他们休假的最后一天，金避暑先生和妻子一起躺在范特西的沙滩上，望着大海。

这时，一名身材健壮的年轻人向他们走来：

“水下的景色更迷人呢。我叫李潜水，是一名潜水教练。”

“老公，我也想看看水中的美景。”

妻子这么一说，金避暑先生就毫不犹豫地决定跟李潜水学习潜水。但是胆小的金避暑先生害怕进入水中后会遭到海底凶猛动物的袭击。于是他胆怯地对李潜水说道：

“如果鲨鱼出现了……”

“这片水域里没有鲨鱼。”

李潜水自信地说道。

金避暑先生听了这话才放心地进入了水中。

但是就在这时，突然传来妻子的惊叫声：

“啊——老公！鲨……鲨鱼——”

水中突然出现了一条鲨鱼，金避暑的妻子惊吓过度，当即晕了过去。

“我说，李潜水先生！你赶紧想想办法呀！”

“我也……我也是第一次遇见鲨鱼，我也不知道该怎么办。”

金避暑先生原本快乐的假期一下子变得一团糟。幸运的是妻子并没有受伤，被及时救了起来。但是他的妻子从那之后就开始害怕大海。

气愤的金避暑先生将李潜水告上了生物法庭。

鲨鱼和干电池

即使不用视觉和嗅觉，鲨鱼也能通过壶腹器官找到食物。

怎么才能避免受到鲨鱼的攻击呢？让我们去生物法庭见识一下吧。

审　判　长：请被告方进行辩护。

盛务盲律师：水中到底有没有鲨鱼，潜水教练也没必要知道呀，况且出不出现也要看鲨鱼自己的心情嘛。我想这不是谁能够控制得了的吧。它完全可能出现在一个没有去过的地方呀。如果连这些都要负责任的话，谁还当潜水教练呀。这不就是我们常说的天灾人祸嘛。审判长先生，我们阻止不了老天下雨，我们同样也预测不了海中鲨鱼的出没。因此本律师认为李潜水先生与本案毫无关系，请驳回原告的无理要求。

审　判　长：请原告方举证。

BO 律 师：有请鲨鱼专家张大嘴先生出庭作证。

鲨鱼和干电池

长着一张大嘴的四十来岁的中年男性坐在了证人席上。

BO律师：张大嘴先生，您已经了解本案了吧？

张大嘴先生：是的，真是不可理喻。明明亲口说水中很安全，等出现了鲨鱼又说什么天灾人祸！作为一个热爱大海的人，我表示非常气愤。鲨鱼出现的时候又不能正确应对，简直是……

BO律师：所以我才请您来作证呀。我听说，您知道本案后曾经说过有个简单的方法可以避开鲨鱼，这是真的吗？

张大嘴先生：是的，确实有个简单的办法。

BO律师：是什么办法呀？

张大嘴先生：只要一块干电池就行了。

BO律师：哎？用干电池来对付鲨鱼？

张大嘴先生：是的。

BO律师：您这样说，难道这里面暗藏了什么

玄机？

张大嘴先生：鲨鱼有个壶腹器官，这个器官可以感知其他动物身上发出的电流。壶腹器官能够感知微弱的电流，因此鲨鱼不依靠视觉和嗅觉也能找到食物。一般的海洋生物可以发出0.000015伏左右的微弱电流，而干电池的电流要比这强数百倍，因此可以把鲨鱼吓跑。

BO律师：还真是个简单的办法呢。只要进入海底时随身携带着一块完好的干电池，就可以避开鲨鱼的攻击了？

张大嘴先生：是这样的。

BO律师：被告李潜水先生明明对金避暑先生说过水中没有鲨鱼，但是结果却恰恰相反。我们不能随意向他人传达并不确定的信息。而且李潜水先生也并不知道用干电池可以吓跑鲨鱼，总之在这种无防备的状态下进入水中，是存在很多安全隐患的，因此他应当对本案

鲨鱼和干电池

负全部责任。

审 判 长：我完全认同原告方的意见。被告为了使原告安心，不负责任地告诉他水中并没有鲨鱼。而当鲨鱼出现时，他又束手无策。这是因为被告对鲨鱼的生物学特性一无所知，也没有采取任何防护措施。法庭判决李潜水赔偿金避暑先生及其夫人的物质损失和精神损失。

审判结束后，各个海水浴场都出现了一道新的风景，每个出租救生圈和遮阳伞的小店门前都挂上了这样一个牌子，上面写着：

“出海必备小型干电池，轻松防御鲨鱼袭击。”

现在入水要携带干电池已经成了一个常识。还有一些时髦的人把干电池做成项链戴在脖子上，干电池项链在各个海水浴场都很热卖。

带鱼的泳姿

带鱼游泳时的样子与其他鱼有什么不同呢？

科学王国的东部有一片蔚蓝的大海。每年夏天，这里的海水浴场都会举办各种活动。其中人气最高的就是一个名叫“舞池”的活动，这时会让所有的鱼在夜里跳舞。今年人们又纷纷赶来这里参加“舞池”活动。

梓带鱼先生在西海岸经营着一家生鱼片店，他正发愁最近生意不景气，电视里“舞池”活动中人头攒动的景象让他眼前一亮，于是他想出了个好点子。

“有了，只要我去‘舞池’卖生鱼片不就行了，生意一定好得不行。我要让人们尝尝我最拿手的带鱼生鱼片。”

下定决心的梓带鱼先生马上开始收拾行李，兴奋地向东海的“舞池”出发了。但是他发现，已经有很多人开始在那里做生意了，梓带鱼先生一下子茫然了，他不知道在拥挤的人群中该如何着手经营自己的生意。

带鱼的泳姿

“我要好好了解一下‘舞池’，可是我也不能带着这么多带鱼来回转悠。啊，对了！先把它们寄存在前面那个卖水族箱的地方就可以了。”

梓带鱼先生发现前方有一个地方挂着个牌子，牌子上写着：“全心全意鱼缸”，于是他决定把带鱼寄存在那里。

“我们将全心全意地照看您的鱼，请您放心好了。”

“全心全意鱼缸”的主人看上去是个值得信赖的人，梓带鱼先生满意地将带鱼交给了他，自己去海水浴场查看情况了。

天哪！等他回来一看，带鱼竟然全都死了。

“这……这是怎么回事！我的带鱼怎么全都死了？”

“怎么可能呢？我明明在鱼缸里放了满满2厘米深的水，让它们全部可以浸在水里面呀。”

“什么？2厘米！真是无语了……不是说什么‘全心全意鱼缸’嘛，难道你就放了2厘米深的水，就认为我的带鱼在里面是安全的吗？”

“这些水已经足够将带鱼全部浸在里面了，干嘛要浪费多余的水呢？”

两个人争执了起来，鱼缸主人认为自己并没有错，嗓门也越来越高。于是愤怒的梓带鱼先生将“全心全意鱼缸”

主人告上了生物法庭，控告他没有照看好自己的带鱼。

带鱼移动时会扇动它的背鳍，全身直立起来，也就是说在2厘米深的水里，它的嘴会露出水面，因此会窒息而死。

带鱼的泳姿

带鱼是怎么游泳的呢？让我们去生物法庭学习一下吧。

审　判　长：请被告方辩护。

盛务盲律师：真是不可理喻。审判长先生，请您听我说，原告确实把他的带鱼托付给了被告，但是他并没有提出什么特别的要求。被告已经尽了最大的努力，在鱼缸中放了适量的水。虽然最后带鱼还是死了，但是这跟被告有什么关系呢，被告已经尽力保管它们了。请你仔细想想，鱼缸的主人又不能随时盯着鱼缸，看带鱼是不是死了。因此我认为“全心全意鱼缸”的主人没有任何责任。

审　判　长：好的，下面请原告方举证。

BO律师：有请爱鱼协会的会长高猫小姐出庭作证。

带鱼的泳姿

高猫小姐身上散发着淡淡的清香，她高傲地坐在了证人席上。

B O 律 师：高猫小姐，您是爱鱼协会的会长，应该比任何人都了解鱼类喽？

高 猫 小 姐：那是当然了，我不仅饲养过各种鱼类，还都吃过，因此鱼的特性、外形和习性等，我都了如指掌。

B O 律 师：这么说您对带鱼也非常了解喽？

高 猫 小 姐：当然了，只要一想到带鱼，我这口水就……哈哈哈，您看我这是说什么呢……您想知道什么呢？

B O 律 师：这里是神圣的法庭，请您只陈述与本案有关的事实。我想了解一下带鱼的特性。您能给我们讲一下吗？

高 猫 小 姐：带鱼是一种急性子的鱼，只要它们被从水中捞出来，就会立即死亡。

B O 律 师：原来是这样，正因为如此，梓带鱼先

带鱼的泳姿

生才不得不把他的带鱼寄存在鱼缸里，因为他怕自己来回走动会把带鱼晃出水箱。那么高猫小姐，如果在鱼缸里放2厘米的水，也就是说水刚刚可以没过带鱼会怎么样呢？

高猫小姐：只没过带鱼的身子吗？您是在开玩笑吗？

BO律师：我怎么会开玩笑呢，我是说如果真是那样的话带鱼会怎么样呢？

高猫小姐：带鱼当然必死无疑啊。带鱼移动时要扇动它的背鳍，因此移动时它的身体会竖立起来。2厘米的水也就刚刚能够没过带鱼的尾部，带鱼的嘴巴会露出水面。带鱼只有在捕捉到食物后进行长距离移动时，才会像其他动物一样游泳。

BO律师：证人高猫小姐的证词给了原告很大帮助，谢谢您。尊敬的审判长先生，就像证人所说的，带鱼的死很明显是被

告的责任。他认为只要将带鱼的身体浸在水中就可以了，这种不负责任的态度使他没能很好地照看带鱼，导致了它们的死亡。因此我认为“全心全意鱼缸”的主人不仅要赔偿梓带鱼先生所受到的物质损失，还要负担梓带鱼先生的精神损失费。

审判长：法庭现在宣判。“全心全意鱼缸”受梓带鱼先生之托看管带鱼，却使带鱼全部死亡。虽然这是由于“全心全意鱼缸”不了解带鱼的生活习性造成的，但是考虑到“全心全意鱼缸”的行为并不具有故意性，只是缺乏相应的生物知识，因此本法庭判决“全心全意鱼缸”赔偿梓带鱼先生的物质损失，而梓带鱼先生要每周为鱼缸的主人讲解水中生物的特性，以避免类似情况的再次发生。

带鱼的泳姿

审判结束后，“全心全意鱼缸”的主人赔偿了梓带鱼先生的损失，而梓带鱼先生每周会来这里给他讲解水中生物的特性。“全心全意鱼缸”的主人从梓带鱼先生那里学到了很多水中生物的知识，这下他可以更好地照看海洋动物了。

通过他的努力和梓带鱼先生热心的教导，“全心全意鱼缸”的生意越做越好，成了东海岸上人气最高的鱼缸店。与此同时，他也向来到这里的客人们推荐了梓带鱼先生的生鱼片，梓带鱼先生的生意也越来越好了。

甲鱼温顺吗？

随便摸甲鱼会有什么危险呢？

马老幺先生和李美丽小姐结婚后有了一个女儿，他们给她取名叫马鲁莽。马鲁莽是他们的第一个孩子，两人对这个孩子真是捧在手里怕摔了，含在嘴里怕化了，宝贝得不得了。马鲁莽五岁那年的一天，马老幺先生照旧抱着她在街上走着，突然女儿叫住他：

“爸爸，爸爸，爸爸，快看！”

马老幺先生向女儿手指的方向望去，原来她指的是一个鱼缸里的一只甲鱼。

“我的宝贝女儿，想要那个吗？”

“嗯，特别想要……爸爸给我买。”

这时一旁的李美丽小姐说道：

“不行！昨天说要个小狗不是已经给你买了嘛。前天

甲鱼温顺吗？

要鹦鹉，今天又要甲鱼……绝对不行！”

“讨厌妈妈。爸爸，爸爸，爸爸，给我买那个，好不好嘛？”

“爸爸也想给你买，但是今天妈妈的态度太强硬了，下次爸爸偷偷买给你好不好？”

“不行，不行。我现在就要，现在就买，现在就买，好不好嘛？”

淘气的马鲁莽一点也不听爸爸妈妈的话，开始不停地耍赖。

“那我们先过去看看，好不好？”

无奈之下，李美丽小姐决定带马鲁莽去看看甲鱼，于是他们朝着小店走去。

“欢迎光临。”

“我们想看看甲鱼。”

“好的，请随便看。哎呦，这位小公主，长得太可爱了。小朋友们养甲鱼再合适不过了呢。”

“是吧。叔叔，其实我可喜欢甲鱼呢。”

李美丽小姐看到女儿这么喜欢甲鱼，就心软了起来。

“小孩子养甲鱼没问题吗？”

“当然了，甲鱼跟狗不一样，它又不会咬人，而且把它养在鱼缸里，也不用担心它会弄乱屋子，最适合孩子们

饲养了。”

“也对，那用手摸它的话，它也不会咬人吗？”

“当然了，您养养看就知道了，没有比甲鱼更温顺更干净的动物了。”

就在李美丽小姐和卖甲鱼的人聊来聊去的时候，马鲁莽突然哭了起来。

“啊啊啊……爸爸妈妈，疼死我了，啊啊啊……”

大家都被马鲁莽的突然大哭吓了一跳，慌忙跑过去一看，孩子的手指被甲鱼咬住不放。马老幺先生赶紧解救了女儿。

“这是怎么弄的，鲁莽？嗯？”

“妈妈……我觉得那只甲鱼太可爱了，就忍不住摸了摸它。它就把我的手指头给咬了。”

“什么？”

李美丽小姐非常气愤，卖甲鱼的人明明说甲鱼是特别温顺安全的动物，自己的女儿却被甲鱼咬伤了，这分明是在欺骗他们。李美丽小姐马上带马鲁莽去了医院，并且将甲鱼商人告上了生物法庭。

甲鱼温顺吗？

离开水的甲鱼会咬住东西不放，这是它的一种防御动作。

甲鱼温顺吗？

甲鱼真的是一种温顺的动物吗？让我们去生物法庭旁听一下吧。

审　判　长：请被告方进行辩护。

盛务盲律师：审判长先生，原告把这么点小事闹上法庭，这简直是无事生非。鱼缸里的甲鱼能有什么危险呢？孩子被甲鱼咬了就要闹到法庭上来，哪有这种事？孩子就是磕磕碰碰的才能长大呢，再说不也没受什么大伤吗？被那么小的甲鱼咬一口能有多疼啊，至于上法庭吗？真是大惊小怪……我认为现在的父母有点不可理喻。

审　判　长：被告律师，请注意你现在的身份。请原告方举证。

BO律师：有请神奇杂技团的英雄团长出庭作证。

一位三十多岁的男子坐在了证人席上。他身材健壮，两眼炯炯有神。

甲鱼温顺吗？

BO律师：我听说神奇杂技团在表演时需要用到各种动物，是这样的吗？

英雄团长：是这样的，我们的表演不仅有猴子、狮子和大象，还会让鳄鱼、甲鱼这些不常见的动物登台表演。

BO律师：那有哪些表演需要甲鱼呢？

英雄团长：甲鱼特别有耐心，它只要咬住什么东西就绝不会松口，所以我们经常会利用它这种特性排练出新的节目。

BO律师：能够咬住东西不松口的话，那它的咬劲肯定特别大，它咬东西的力量到底有多大呢？

英雄团长：甲鱼可以轻松咬着并且提起比自己身体重10倍的物体。

BO律师：审判长大人，您听到了吧，这就是我请英雄团长出庭作证的原因。下面这位证人虽然不能说话，但是可以告诉我们很多东西。

这时书记员把一只甲鱼带了上来。

甲鱼温顺吗？

BO律师：看，这是个4千克重的哑铃，先让甲鱼咬住哑铃，我们来看一下我松手之后它是不是会一直咬下去。

这时，BO律师示范，让甲鱼咬住哑铃。

BO律师：甲鱼就是这样，只要咬住的东西是绝对不会松口的。不仅如此，现在我为大家演示一下甲鱼是如何把我手中的木筷子咬碎的。

BO律师再次示范，只见甲鱼一口咬碎木筷子。

BO律师：甲鱼的咬力要比其他动物厉害很多，但是甲鱼商人竟然说什么甲鱼对孩子

甲鱼温顺吗？

来说很安全，这分明就是欺诈行为。

盛务盲律师：那个……但是……

BO律师：请问英雄团长，当被甲鱼咬到的时候，周围的人是不是能采取一些应急措施呢？

英雄团长：是的。

BO律师：那么，您能否告诉我们有哪些措施呢？

英雄团长：其实很简单，只要赶紧把甲鱼放进水里就可以了。

BO律师：那它就会松口了吗？

英雄团长：是的。甲鱼离开水之后会咬住东西不放，这是它自我保护的一种方式。但是在水中甲鱼可以迅速游走，所以它会松开咬住的东西赶紧逃跑。而且如果水没过它的鼻孔的话，它要用嘴呼吸，就只好松开咬住的东西了。

BO律师：原来是这样。甲鱼商人并没有明确说明这些应急措施，只是一味地对顾客承诺甲鱼是温顺安全的动物，这分明

是欺诈行为。

审　判　长：最近饲养宠物的孩子越来越多了，人们也越来越重视宠物对儿童人身安全的威胁。与孩子们朝夕相处的宠物们已经不再仅仅是动物，而是家庭中的一员。但最重要的还是要保证孩子不受到宠物的伤害，而甲鱼商人在没有说明任何安全注意事项的前提下，一味地向顾客推销动物，这是不符合商业道德的行为。因此本法庭判决甲鱼商人承担马鲁莽小朋友的医药费，并且赔偿她的精神损失。

审判结束后，甲鱼商人赔偿了马鲁莽的医药费和精神损失费。虽然事情圆满解决了，但是还有一个问题，那就是马鲁莽在接受完治疗回家的路上，又开始吵着要其他的动物了。

“妈妈，我要那只猫……我想买那个，嗯？给我买吧？”

失踪的章鱼

失踪的章鱼

章鱼能钻进比自己身体小很多的缝隙吗？

科学王国西部的中心城市奥托普斯有许多章鱼店。一开始城里只有一两家，但是后来越来越多，以至于只要一提到奥托普斯大家就会联想到章鱼店。

奥托普斯的邱勒斯街上有两家最著名的章鱼店，一家是“原创章鱼店”，另一家是“老字号章鱼店”。虽然两家店是邻居，但是它们之间是良性竞争，彼此间很友好。

“原创章鱼店”开始扩张店铺，于是他向“老字号章鱼店”提出了一个建议：

“两家店都有很多顾客，我们应该多放些桌子，可是店里的鱼缸可是不小……”

“话是那么说，但是如果没有鱼缸我们怎么卖章鱼呢？莫非你有什么好主意？”

“嗯……不如把鱼缸放在两家店中间，我们共同使用怎么样？”

“啊哈，真是个好主意。这么一来店里就能容纳更多的客人了。嗯，我们就这么办吧。”

“原创章鱼店”和“老字号章鱼店”很快达成了一致，他们在夹板下面留了一个2厘米的缝隙让水可以来回流动。虽然他们也担心章鱼会顺着缝隙跑到邻居店里去，但是转念一想章鱼那么大，不会通过那么小的缝隙的，于是他们也就没有特别在意，只是为他们的好主意而暗自欣喜。

但是过了一段时间之后，“原创章鱼店”的店主总觉得他的章鱼好像少了，于是他数了数章鱼的数量。

“嗯？真是奇怪了，昨天明明放进去了50只，怎么只剩45只了呢？看来是从缝隙里跑到那边去了。”

于是“原创章鱼店”的主人找到了“老字号章鱼店”的主人：

“那个，章鱼好像是通过夹板的缝隙跑到你那边去了。”

“你这话是什么意思，真是不可理喻，这里的章鱼可都是我自己的。再说了，这么小的缝隙章鱼怎么可能钻过去，真是莫名其妙。”

无论“原创章鱼店”的老板怎么强调章鱼是从夹板

失踪的章鱼

的缝隙中钻过去了，“老字号章鱼店”的老板就是不听。“原创章鱼店”的老板实在气不过，就把“老字号章鱼店”的老板告上了生物法庭。

只要缝隙的宽度大于章鱼颈部（连接身体和触角的部位）的厚度，章鱼就可以自由地通过。

章鱼是如何通过狭窄缝隙的呢？让我们去生物法庭开开眼吧。

审　判　长：请被告方辩护。

盛务盲律师：难道章鱼身上写着名字吗？章鱼的身上又不会写着“原创章鱼店”的章鱼、“老字号章鱼店”的章鱼，自己鱼缸里的章鱼当然就是自己的喽。现在“原创章鱼店”的老板竟然说“老字号章鱼店”鱼缸里的章鱼是他的，这简直是无理取闹。鱼缸明明用夹板分开了，当然要以夹板为界限，各自那边的章鱼属于各自的喽。因此我认为“原创章鱼店”的控告是毫无道理的。

审　判　长：请原告方举证。

B O 律 师：有请研究章鱼的专家张瑜博士出庭作证。

张瑜博士默默地坐在证人席上。

失踪的章鱼

BO律师：张瑜博士……

张瑜通博士：那个……我改名了，改成了张瑜通，因为我们小区的孩子们总是拿我的名字开玩笑。

BO律师：嗯……张瑜通博士？张瑜通？呵呵呵……啊，不好意思，您已经对本案有所了解了吧？

张瑜通博士：嗯，听说了。

BO律师：我就是想问一下章鱼真的可以从那么小的缝隙钻过去吗？

张瑜通博士：当然了。章鱼甚至能够钻过比我们想象中更小的缝隙。

盛务盲律师：那怎么可能，章鱼的身体有55厘米那么长，怎么可能从2厘米的缝隙里钻过去呢？

张瑜通博士：当然了，只要缝隙的宽度大于章鱼颈部（连接身体和触角的部位）的厚度，章鱼就可以自由地通过。

BO律师：嗯，我把“原创章鱼店”和“老字号

章鱼店”里卖的章鱼带来了，张瑜通博士，您能估计一下它们颈部的厚度吗？

张瑜通博士：没问题，让我看一下。厚度看上去要小于2厘米，完全可以从夹板的缝隙中钻过去。

B O 律 师：只有章鱼是这样的吗？

张瑜通博士：类似章鱼的许多软体动物都有这种特性。

B O 律 师：亲爱的审判长先生，我想做个实验，给您现场演示一下。我准备了一个有2厘米缝隙的夹板，把带来的章鱼放到这边。你看章鱼不是钻到另一边边去了吗？

张瑜通博士：对于软体动物来说这是完全可能的，软体动物除了章鱼外还有墨鱼和鱿鱼等。

失踪的章鱼

BO律师：真相已经大白了，多亏了张瑜通博士……呵呵呵，不好意思，感谢您在百忙之中来为我们作证，谢谢您。

审判长：通过小实验和博士的解释，我相信被告也意识到自己的认识有误了。原告的章鱼很可能跑到了“老字号章鱼店”，法庭判决“老字号章鱼店”归还原告的章鱼，同时希望你能够明白，做生意最重要的就是诚实守信，这不仅是指对顾客诚实守信，也指要与同行进行良性竞争，为了眼前自己的利益，不惜牺牲别人的利益的行为是不符合商业道德的。因此“老字号章鱼店”不仅要返还原告的章鱼，还要为原告的店铺义务服务一个星期。

“老字号章鱼店”把从“原创章鱼店”钻过来的章鱼假装成自己的，结果落了个自己营业不成，去义务劳动帮助别人的下场。

雄海马生孩子？

李海马先生把雄海马生孩子的场面拍摄了下来，并且准备写成论文，这有什么错？

李海马先生是个海马迷。他在三年前潜水的时候，遇到了这种长得像马的动物，他一下子就被它们迷住了。于是便把自己的名字改成了李海马，并且从那以后开始研究海马。

他已经发表了数十篇关于海马的论文，最近还出版了一本《海马的一生》，这本书一出版便成了畅销书。

他是科学王国海马研究领域的权威，经常被邀请出席各种国际会议。他为了观察海马产子的情况特意来到了海边。

他在海马经常出没的南海岸搭起了帐篷，一天中的20个小时都在海里用水下摄像机拍摄海马的一举一动。

一天，奇怪的事情发生了。

他竟然看到了雄海马生下小海马的场面。

雄海马生孩子？

“雄海马怎么会生孩子……天呐！”

他大吃一惊，赶紧用摄像机把这个场面拍了下来，上传到自己的网站，并且注释说雄性海马也可以生孩子。

他的这一主张引发了轩然大波，生物学会认为雄性根本不可能生孩子，李海马的论文有欺诈嫌疑，理应受到惩罚，于是生物学会将他告上了生物法庭。

雄海马生孩子？

雌海马将卵产在雄海马的育儿袋里，雄海马将卵保护起来，等它们孵化之后再把它们送到外面。

雄海马生孩子？

海马是由雄性生小海马吗？让我们去生物法庭打探一下吧。

审　判　长：请被告方辩护。

盛务盲律师：审判长先生，眼见为实的道理想必大家都懂吧？如果我说现在有始祖鸟您相信吗？但是如果现在始祖鸟就在您眼前飞的话就不得不信了吧？同样的道理，现在生物学会认为雄海马绝对不可能生小海马，但是如果雄海马在大家面前生下了小海马的话，大家就都会承认了吧。李海马先生直接看到了雄海马生下小海马的场面，并且把它用摄像机记录了下来，为海马研究作出了巨大贡献，但现在他竟然被控告欺诈站在法庭被告席上，生物学会不给李海马博士发奖也就算了，竟然还污蔑他欺诈，简直是不可理喻。

审　判　长：请原告方举证。

BO律师：有请海马研究所的所长马海博士出庭作证。

长着一张长脸的马海博士坐在了证人席上。

BO律师：尊敬的马海博士，您能否给我们介绍一下海马研究所是个什么样的机构？

马海博士：海马研究所集结了本学科的高端人才来饲养和研究海马。当然，我是他们里面智商最高的，呵呵呵。

BO律师：请您不要忘了您现在责任重大，希望您本着负责任的态度，在法庭上只陈述与本案有关的事实。雄海马真的能生小海马吗？

马海博士：呵呵……那怎么可能！如果能生小海马就叫雌海马了，还叫什么雄海马呀？

BO律师：也对……这么说那卷录像带可能是李海马先生伪造的喽？可是录像带中明

雄海马生孩子？

明是雄海马产下了小海马……

马海博士：那拍摄的是小海马从雄海马育儿袋里出来的情景。

BO律师：育儿袋？那是什么东西？

马海博士：育儿袋是指抚养小海马的袋子。

BO律师：哦，有点懂了。就是像袋鼠的袋子一样的东西吗？

马海博士：是的，但是不同的是，袋鼠是母袋鼠有育儿袋，而海马则是雄海马有育儿袋。

BO律师：重要的是育儿袋里的卵到底是哪来的呢？

马海博士：这个我可以给大家解释一下。一般的鱼类是由雌性将卵产在水中，但是海马不同，因为雄海马有育儿袋，所以雌海马将卵产在雄海马的育儿袋中。雄海马将育儿袋中的小海马保护起来，等到它们孵化后再把它们送出去。

BO律师：这是不是就可以证明录像带就不是伪造的，是李海马先生看到孵化了

的小海马从雄海马的育儿袋中出来的情景，误以为是雄海马产下了小海马喽？

马海博士：嗯，看来是这样的。如果雄海马真能生小海马的话，我们海马研究所的人才们怎么会错过呢。

BO律师：我认为这场官司胜负已分了。我陈述完了，审判长先生。

审判长：本案是李海马先生鲁莽的判断导致的。要想发表一篇科学的论文要经过无数次的研究和探索，李海马先生没有经过这些过程就鲁莽地发表了论文，犯了科学上不严谨的错误。想必他的论文也一定会被退稿，其中的观点肯定会遭到学术界的反驳。本庭认为李海马先生固执己见，缺乏学术上严谨求实的态度。因而判决李海马先生收回他的论文，并且亲自为他在学术界引发的混乱公开道歉。

雄海马生孩子？

案件就这样结束了，李海马先生对自己知识的匮乏也感到很羞愧，他收回了自己的论文，并向各相关机关都发了一封致歉信。让我们来读一读他发到海马研究所的这封信：

“因为我学术上不严谨求实的态度给大家带来了麻烦，为此我感到非常惭愧，请大家接受我诚挚的歉意。但是我热爱海马的心始终如一，因此我决心进入海马研究所继续深造。祝各位身体健康。”

海洋动物

鱼类为什么能够在海水中生存呢?

人是不能饮用海水的，因为海水中含有过高的盐分。由于海水中的盐分高于人血液中的盐分，所以如果人持续饮用海水的话，胃肠就会吸收海水中的盐分，使血液中的盐分越来越多。血液中的红细胞和白细胞是由一层薄薄的膜包裹着的，这些血细胞中的水分会向浓度高的细胞外界流失，而失去水分的血细胞就会死亡，因此人不能饮用海水。

那鱼类为什么能在海水中生存呢？首先因为鱼是用鳃呼吸的。鳃就像哺乳动物的肺一样，可以将溶解在水中的氧气吸入体内，并将体内产生的二氧化碳排放到水中。鱼鳃还有一种特殊的功能，那就是可以屏蔽海水中的盐分，只吸收水分，因此它们可以生存在海水中。

鱼也会睡觉吗？

鱼也是要睡觉的，但是因为它们没有眼皮，所以只能睁着眼睛睡觉。鱼类睡觉的时间和姿势各不相同。

夜间睡觉的鱼有鳟鱼、鲤鱼、虾虎鱼等，白天睡觉的鱼有扁口鱼、鲽鱼等。淡水鱼睡觉时将自己隐藏在沙子或石头缝隙中，海水鱼会

在成群结队地不停游动时进行短暂的休息。

鲸鱼是鱼类吗?

虽然鲸鱼生活在海里，但是它和鱼类不同，因为它不是鱼类。那鲸鱼到底是什么动物呢？鱼类都是产卵的，但是鲸鱼并不产卵，而是直接产下幼崽，这与狮子和老虎等哺乳动物是一样的。

据说很久之前鲸鱼也是有腿的，但水中的生活使它们的腿逐渐地退化，变成了现在的鳍。

那你一定感到奇怪：鲸鱼是如何在水中呼吸的呢？因为鲸鱼没有鳃，所以它无法将溶解在水中的氧气吸入体内。鲸鱼像人一样，是通过肺进行呼吸的哺乳动物。只不过鲸鱼潜入水中之后会关闭它的鼻孔，使水不会从鼻孔进入体内。

并且鲸鱼的肌肉中有一种叫作肌血球素的物质，它可以储藏氧气，在它的帮助之下鲸鱼可以在水下呆45分钟之久，但是45分钟之后它必须浮出水面呼吸空气。

鲸鱼为什么会喷水呢？

鲸鱼喷水是因为它在用鼻孔呼吸。

这就像是在寒冷的冬季，我们呼吸时会产生白色的雾气。

哺乳动物会不断地呼吸。它们呼出的气体中含有水蒸气，当水蒸气遇到外部寒冷的空气时，就会冷凝成微小的水珠。当鲸鱼呼气时，呼出的水蒸气也会变成水珠，看上去就像在喷水一样。

电鳗是如何放电的呢？

电鳗是一种生活在江水中的鱼。成年电鳗体长可达2.7米，重达22千克。这种鱼最大的特征是可以放出强大的电流。电鳗通过自己放出的电流轻松地击退敌人，并且以此捕食一些弱小的动物。

在电鳗身体的两侧有三组发电器官，电流在这些发电器官中产生，强度甚至可以将人电死。

但是电鳗并不能持续放出强大的电流，它在放电时电流是逐渐减弱的。

有雌雄同体的鱼类吗？

有一种叫黑鲷的鱼，很是奇妙，它们在幼年时全部是雄性，当长到一定程度后会有一半的黑鲷变成雌性。

有一种叫剑尾鱼的热带鱼，它们与黑鲷正好相反，在幼年时全部是雌性，长大后一部分会变成雄性。有些热带鱼在一生中可以像这样雌雄转换好几次。

鸟类的相关案件

鹦鹉和辣椒

鹦鹉是用什么器官来感知味道的呢?

戴头盔的鸵鸟

鸵鸟赛跑时该不该戴上头盔呢?

蝙蝠是鸟类吗?

蝙蝠为什么成了学术会议上的焦点呢?

鹦鹉和辣椒

鹦鹉是用什么器官来感知味道的呢?

生物法庭的BO律师收到了一封信，信是他的高中同学克鲁先生发来的：

亲爱的BO：

好久不见了，过得还好吧？早就想给你写信了，也没有什么特别的事，就是想咨询你点问题。

我最近在做辣椒生意，而且是特别辣的那种红辣椒。或许你要纳闷我怎么突然卖起了辣椒吧？有一天，我跟朋友一起吃绿茶刨冰，突然灵机一动就有了这么个点子。“既然绿茶粉可以放进所有的食物中，那为什么不能把辣椒放进食物中做成大众化的风味食物呢？”然后我就亲自买来了辣椒，把它做成了辣椒粉。但是我最近有个头疼的事，我总是觉得辣椒在莫名其妙地减少。另外补充一句，因为辣椒是我亲自从农副市场买的，所以我自然了解辣椒的数量。一开始我怀疑是邻家店铺的

店员干的，但是怎么看也不像是他们偷的。于是我就假装外出，偷偷跑到店铺外面观察，原来小偷出自那家名叫“黄莺鹦鹉”的店。难道是鹦鹉店的主人偷了辣椒？不是的，其实是那家店里的鹦鹉，它们在自由活动的时候飞到我的店里啄食辣椒，我都不相信，又有谁会相信鹦鹉竟然吃辣椒呢？所以我也不知道该如何是好了，想打官司又不知道行不行……我等你的回信。

爱你的克鲁

看完信后，BO律师赶紧给克鲁先生打了个电话。

“还没见过这么坏的鹦鹉呢，那家店的主人到底在干什么嘛，这场官司我一定会帮你的。”

克鲁先生听了BO律师的话之后，信心十足地将鹦鹉们告上了生物法庭。

鹦鹉和辣椒

人是用舌头来感知味道的，鹦鹉是用上颚的根部来感知味道的，而鹦鹉根本没有感受辣味的味觉感受器，所以它们可以吃超辣的辣椒。

鹦鹉喜欢辣椒吗？让我们去生物法庭证实一下吧。

审　判　长：请被告方辩护。

盛务盲律师：只要是养鸟的人都知道，鸟是我们人类的朋友，鹦鹉更是如此了。它们不仅能为我们唱歌，还能学人说话，所以鹦鹉很受大家的喜爱。这么高贵美丽的鹦鹉怎么会偷吃辣椒呢？人一吃辣椒还被辣得满脸通红，更何况是鸟呢。说鹦鹉吃辣椒简直就是天方夜谭，还不如说是老鼠把辣椒叼走了更可信呢。本律师认为原告是因为自己的辣椒卖不出去，为了吸引别人的注意，才自导自演了这么一出闹剧。

审　判　长：请原告方举证。

B O 律 师：我知道这的确很难让人信服，我如果没见过证人的话，我也不会相信的。

鹦鹉和辣椒

有请鸟类动物园饲养组的组长李往往先生出庭作证。

李往往先生是个干净利索的年轻人，怎么看都不像是个动物饲养员。

B O 律 师：鹦鹉不是能学人说话吗？

李往往先生：是的，这是幼儿园小朋友都知道的事实，难道你叫我来就是为了问这个？

B O 律 师：不，不是，我想问的可不是这个。我听说鹦鹉在吃东西上是很特别的，所以想请您给我们介绍一下。

李往往先生：是这样的，南美有一种鹦鹉，它们的食性就很特别。

B O 律 师：你倒是说说看，怎么个特别法呢？

李往往先生：鹦鹉的主食是水果和蔬菜，但是它们也爱吃辣的东西，鹦鹉喜爱的食物中就有特别辣的红辣椒。

盛务盲律师：红辣椒？这怎么可能呢？吃那么辣的

东西它们受得了吗？

李往往先生：当然了，人是用舌头来尝味道的，但鹦鹉却不是。

BO律师：哦？我可从未听说过，那鹦鹉用哪里来尝味道呢？

李往往先生：鹦鹉用上颚的根部来感知味道，它们根本没有感受辣味的味觉感受器，因此它们即使吃了很辣的东西也感觉不到辣。

BO律师：这么说鹦鹉真有可能喜欢吃红辣椒喽？反正它们也觉不出辣。

李往往先生：嗯，可以这么说。

BO律师：难道其他动物也喜欢红辣椒吗？

李往往先生：那倒不是，我用实验来说明一下吧。这是猴子梦梦，它可是我们动物园里的机灵鬼。梦梦，来，吃这个……看到了吧？猴子跟人一样，吃了辣的东西就会做出痛苦的表情，所以猴子肯定是不吃的。

鹦鹉和辣椒

审　判　长：现在开始宣判。通过本案，我们了解了鹦鹉感觉不到辣味，而且它们喜欢吃红辣椒。既然辣椒是鹦鹉吃掉的，鹦鹉的主人就理所当然应该赔偿这段时间鹦鹉所吃掉的辣椒。

戴头盔的鸵鸟

鸵鸟赛跑时该不该戴上头盔呢？

科学王国的鸵鸟市里有一个鸵鸟竞技场。鸵鸟竞技场是鸵鸟市新开发的一个大项目。

他们的友好城市汉斯顿市凭借赛马场这个项目赚了大钱，为了不输给他们，鸵鸟市想出了这个点子。令鸵鸟市高兴的是，虽然从前赌马市将钱押在自己认为能夺冠的赛马上，但最近人们渐渐厌倦了赛马，开始将目光转移到鸵鸟赛跑上。

鸵鸟赛跑是让一群鸵鸟在前面跑，一只狮子在后面追，跑在最后的鸵鸟会成为狮子的猎物，比赛惊险刺激，会吸引大批的观众。

在这股热潮下，鸵鸟市的市长蒙斯特先生也决定开始投资鸵鸟赛跑。于是他买了一只鸵鸟，并不断地训练它赛跑。他坚信，只要这只鸵鸟能夺冠，就会给他带来莫大的

戴头盔的鸵鸟

荣耀。有一天，他偶然遇到了邻居斯玛特先生。

“亲爱的蒙斯特市长，听说您最近投资起鸵鸟赛跑了？”

“哈哈哈，您消息可真灵通啊，最近我正忙着训练鸵鸟呢，每天都忙死了。”

“我有个好点子，偷偷告诉您好了，嘘——这可是个秘密哟，您千万别告诉别人。您给鸵鸟戴个头盔试试，这样它跑起来就算摔倒了也不会受伤。不仅不会影响它下次比赛，而且只要鸵鸟适应了头盔，这就跟给鸵鸟上了保险一样啊。”

“啊哈，真是个不错的主意，太谢谢你了。这么一来也不用担心鸵鸟受伤了……”

蒙斯特市长欣然接受了这个建议，开始精心地给鸵鸟制作头盔。

鸵鸟即使戴着头盔也跑得很快，也不用担心会得倒数第一，只要狮子在后面追，它一定会拼命地跑。而且戴个头盔一定很拉风，能吸引更多的眼球。

蒙斯特市长期盼已久的比赛终于开始了。但是当他正准备观看这场精彩的比赛时，意想不到的事情发生了。虽然狮子在后面猛追，鸵鸟竟然还在悠闲地漫步，结果成了狮子的猎物。看到这惊人的一幕，蒙斯特市长一下子呆住了。

市长很气愤，他认为自己被斯玛特先生骗了，于是他把斯玛特先生告上了生物法庭。

鸵鸟用眼睛看前面的敌人，通过后脑勺的耳朵来听背后敌人的声音。

戴头盔的鸵鸟

给鸵鸟戴上头盔会怎么样呢？让我们去生物法庭瞧瞧吧。

审　判　长：请被告方辩护。

盛务盲律师：斯玛特先生为鸵鸟赛跑出了一个好主意，谁能想出这么好的主意呢？鸵鸟在赛跑的时候有可能摔倒，这时候只要戴着头盔就可以减少冲击，而且戴着头盔赛跑的话还能吸引观众的眼球，那多帅呀。虽然蒙斯特先生的鸵鸟平时很擅长赛跑，但是在那天的比赛中却对后面追赶过来的狮子毫无反应，这是蒙斯特先生平时对鸵鸟训练不足所造成的。如果给训练充足的鸵鸟戴上头盔的话，不仅能保证鸵鸟的安全，还能在大家的注目下赢得冠军。但是令人意想不到的是，蒙斯特先生的鸵鸟成了狮子的食物，蒙斯特先生就气急败坏地把责任推到斯玛特先生身上。

审　判　长：下面请原告方举证。

BO律师：大家确实可能误会是蒙斯特先生把鸵鸟之死的责任推到斯玛特先生身上，为了使大家信服，我请来了一位很有说服力的证人。有请鸵鸟赛跑项目的创始人龙长腿先生出庭作证。

龙长腿先生的腿太长了，显得他的牛仔裤特别短，他迈着大步去到了证人席上。

BO律师：龙长腿先生，您是鸵鸟赛跑的创始人吧？

龙长腿先生：是的，鸵鸟赛跑的人气越来越高，最近忙得我是晕头转向，看来我得找个助理了。

BO律师：我请您在百忙之中出庭作证，是因为一只在比赛中戴头盔的鸵鸟。我相信您也一定看了那场比赛。

龙长腿先生：嗯，当然看了。真是场令人哭笑不得

戴头盔的鸵鸟

的比赛啊。不知道这人是怎么想的，竟然会给鸵鸟戴上头盔……

BO律师：啊，您这么说难道是鸵鸟的死和头盔有关吗？

龙长腿先生：当然了，当然有关系了。

BO律师：只不过给鸵鸟戴了个头盔，这和它的死能有什么关系呢？原因是什么呢？

龙长腿先生：有一点你可能不太了解，鸵鸟耳朵的位置跟其他动物不一样。

BO律师：嗯？耳朵不是长在脸两侧吗？

龙长腿先生：大部分的动物确实是那样的，但是鸵鸟的耳朵长在后脑勺。

BO律师：长在后脑勺？开什么玩笑，您说的是后脑勺吗？

龙长腿先生：嗯，鸵鸟为了快速躲避敌人的袭击，才进化成了这样。长在前面的眼睛可以看到前方的敌人，长在后脑勺的耳朵可以听到后面敌人的声音。

BO律师：原来是这样啊，这么说在本案中，给

鸵鸟戴上头盔之后堵住了它的耳朵，它听不到后面狮子的声音，导致了它的死亡。

龙长腿先生：可以这么说。

B O 律 师：被告律师，听到了吧？事实就是如此，现在你还能说鸵鸟的死跟戴头盔没有关系吗？

盛务盲律师：啊……

B O 律 师：我的辩护结束了，尊敬的审判长先生。

审　判　长：无论是人还是动物，只有感知到危险才会逃跑。鸵鸟的耳朵长在后脑勺，如果给它戴个头盔就会堵住它的耳朵，它就会因为听不到背后的声音而落入狮子的口中。本案是由于生物学知识的不足引起的，今后就算给鸵鸟戴头盔也要保证不堵住它后脑勺上的耳朵。本庭宣判：判斯玛特先生赔偿蒙斯特先生一半损失，另一半由蒙斯特先生自己承担。

蝙蝠是鸟类吗？

蝙蝠为什么成了学术会议上的焦点呢？

科学王国的每个学会都有自己的特点，特别是每当论文发表大会的日子临近的时候，各学会间的关系就更加紧张起来。

今年的论文发表大会将在布里兹市举行，为了适应目前宠物热的潮流，今年大会的主题被定为“宠物”。现在的孩子们喜欢追求新鲜事物，他们已经厌倦了小猫、小狗、鹦鹉这些寻常的宠物，开始对一些新鲜的动物产生了兴趣。特别是最近新建成了一个宠物市场，这里有各种各样新奇的动物，如蟒蛇、电鳗等，它们深受宠物爱好者的追捧。在这种大潮流下，今年的论文大会旨在向大众推广新型宠物。

但是布里兹市在大会召开一个月前，突然紧急召集了哺乳类学会和鸟类学会。两个学会莫名其妙地聚集在了会议室。

蝙蝠是鸟类吗？

“我们主办方这次召集大家，是因为你们两个学会提出的主题是一样的，需要有一方更换主题。两篇论文都是同一个主题，这在我们大会上是没有先例的，因此我认为你们有必要协商一下，希望有一方做出让步。”

“莫非哺乳类学会也跟我们一样，把蝙蝠作为今年的主题吗？”

“是的，鸟类学会和哺乳类学会都各执己见，评审委员也不知如何是好了，导致论文的审查工作一直停滞不前。”

“鸟类学会！你们开什么玩笑！蝙蝠当然是哺乳动物了，鸟类学会竟然提出把蝙蝠作为新的鸟类宠物，一点科学常识都没有，这简直是太不像话了！”

“你说的这是什么话！天空中飞的蝙蝠怎么可能是哺乳动物呢？当然是鸟类啊。真没见过你们这么无知的学会，竟然连哪些动物属于自己的学会都不知道。蝙蝠是鸟类，我们学会以它为论文主题是理所当然的。”

“去年你们学会明明把它推给我们研究，现在却又想越俎代庖。”

“去年是因为我们学会实在太忙了，需要调查研究的东西太多，才给你们这么个机会，今年我们学会一定要发表关于蝙蝠的论文。”

蝙蝠是鸟类吗？

“真是太不像话了……是不是鸟类学会没有现成的论文，才非要用蝙蝠顶上啊？”

离论文审查的日子越来越近了，两个学会却仍在固执己见，互不相让。最终布里兹市认为两篇同一主题的论文不符合审查要求，将两个学会全部免去了参会资格。听到这一消息的哺乳类学会认为这种做法对自己很不公平，于是将鸟类学会告上了生物法庭。

区分哺乳类和鸟类的一个重要标志是胎生还是卵生。

蝙蝠是鸟类吗？

蝙蝠是哺乳类还是鸟类呢？让我们去生物法庭看看吧。

审　判　长：本案引起了科学学会的关注，本次审判的结果可能会影响新的动物分类的确立，请两位律师本着负责任的原则谨言慎行。好，现在请被告方辩护。

盛务盲律师：蝙蝠是一种怎样的动物呢？首先，它是一种生活在漆黑的洞穴中并且能飞翔的动物，在电影中它的出场总能制造出一种阴森恐怖的气氛。那么电影中的蝙蝠为什么总是飞着的呢？只要一看到它们成群在天空中飞翔时黑压压的场面，我们就会脊背发凉。我想说的就是这个，如果蝙蝠是哺乳动物的话，它们为什么不爬出来或者跑出来呢？吸血鬼登场的时候，蝙蝠们应该一起跑出来才对啊，但是这根本是我们想都想象不到的。我想说的是谁蝙蝠是鸟类吗？

都知道蝙蝠会飞，会飞的不是鸟又是什么呢？

BO律师：您这话是什么意思？简直是一派胡言，如果人会飞的话人也是鸟类喽？

审判长：原告律师不要激动，请继续陈述。

BO律师：啊，对不起，我太激动了……首先有请苦心钻研吸血鬼和蝙蝠30余年的布罗德博士出庭作证。

身材瘦小的布罗德博士披着一条长长的披肩坐在了证人席上。听众席上有人窃窃私语说："长得可真像个吸血鬼啊"，但是他根本不以为然。

BO律师：布罗德博士，您现在的主要研究课题是什么呢？

布罗德博士：我因为喜爱吸血鬼，所以我主要研究跟吸血鬼有关的蝙蝠啊，血啊，十字架什么的。比方说吸血鬼咬哪里可以让人毫无痛苦地死去……

BO律师：啊，博士，真不好意思，虽然您说

得很好，可是说跑题了。那个我们下次再听您说吧。我想问的是关于蝙蝠……

布罗德博士：说到蝙蝠，还是黄金蝙蝠最稀有。

BO律师：那个……事实上我是想问蝙蝠到底是哺乳动物还是鸟类。

布罗德博士：这个太简单了，蝙蝠是哺乳类吗？蝙蝠是鸟类吗？到底是什么呢？

审判长：证人，请如实回答律师的提问。

布罗德博士：哎呦！审判长大人，对不起啦。

BO律师：那我再问您一遍，蝙蝠到底是哺乳类还是鸟类呢？

布罗德博士：一开始我也以为蝙蝠会飞应该是鸟类，但是它确实是哺乳动物。区分鸟类和哺乳动物的重要标志是胎生还是卵生。因为蝙蝠是胎生，所以它是哺乳动物。

BO律师：那只要是胎生就是哺乳动物吗？

布罗德博士：当然了，我举个例子吧，比如说鲸

蝙蝠是鸟类吗?

鱼，它虽然生活在海里，像鱼类一样游泳，但是由于它是胎生的，所以它是哺乳动物。

BO律师：好复杂啊，这么说蝙蝠虽然会飞但是它是哺乳动物喽?

布罗德博士：是这样的。蝙蝠的身体构造很适合飞行，它们的四肢细长尤其是手掌骨更长，其间还有一层膜，有利于飞行。蝙蝠是不能站立、行走或是奔跑的。蝙蝠总是倒挂着是因为它们的腿很细，所以重心在身体的上方，也正是因为这样，蝙蝠根本不可能用双脚在地上行走。

BO律师：哈哈，真滑稽啊。现在我终于明白了。

布罗德博士：刚才那位律师不是说了嘛，蝙蝠是生活在洞穴中的。那它在漆黑的洞穴中为什么不会撞到呢？你们难道不觉得奇怪吗?

BO律师：这跟本案有什么关系呢?

布罗德博士：你不要着急，听我说完就明白了。蝙蝠在飞行中能不断发出超声波，这种超声波信号碰到任何物体时，都会被反射回来。蝙蝠正是依靠自己的声呐系统来发现目标和探测距离的。

BO 律师：哦，虽然你讲了很多，可是这与本案有什么关系呢？

布罗德博士：其实没什么关系，呵呵呵。只不过是看你们不太了解蝙蝠，所以想给你们介绍一下。

BO 律师：审判长先生，我提问完毕了，感谢证人的证词。虽然有些前言不搭后语……希望法庭能够作出公正的裁决。

审判长：现在宣判。哺乳动物和鸟类的区别不在于能不能飞，而是在于它们是胎生还是卵生。蝙蝠是胎生、哺乳，因此它是哺乳动物。同样的道理，鲸鱼是胎生，因而也是哺乳动物。因此，本庭判定蝙蝠为哺乳动物。

鸟类

鸟类是如何飞翔的呢?

鸟类能够在空中飞翔是因为它们有翅膀。鸟类的翅膀相当于飞机的机翼，可以很好地利用空气中的托力。而且它们的胸肌很发达，便于它们扇动翅膀。

鸟类的身体和它的翅膀完美地结合了起来，它们头部很小，骨头中空，因此它们身体十分轻盈。并且，在它们体内有多个气囊与肺相连，这些可以使鸟的身体变得更加轻巧。鸟的全身覆盖着羽毛，这些毛的缝隙中可以容纳空气，也使鸟类身体适于飞行。

鸟的特征

鸟类是没有牙齿的，但它们体内有嗉囊，可以轻松地将吞食的食物碾碎。

那鸟类有耳朵吗?鸟虽然不像人一样有耳郭，但是它们有耳孔，也可以听到微弱的声音。

鸽子

鸽子是我们常见的鸟类之一。它们头小、颈部细长，如果仔细观察鸽子走路的姿势就会发现，它们走起路来左摇右晃，那是因为它们没有前肢，只能靠头部来回伸缩保持走动

中的平衡。

水鸟

水鸟的羽毛很细密，并且覆盖着一层油脂，因此不会被水沾湿。水鸟浮出水面后只要抖抖翅膀就可以轻松地甩掉翅膀上的水滴。

但是如果用肥皂水给水鸟洗澡的话，就会除去它们羽毛上的油脂，羽毛被水浸泡后水鸟就会沉入水里。

鹤为什么单腿站立呢?

如果人闭上眼用单脚站立的话就会摔倒，但是为什么鹤要单腿站立着睡觉呢？鹤全身大部分覆盖着羽毛，但是腿上没有羽毛，所以当它站在水中时，体内的热量可以通过腿部散发出去。它为了不散失过多的体温，所以要单脚站立。

爬行动物的相关案件

哦，可怜的鬣蜥

鬣蜥是如何区分白天和黑夜的呢？

被砍掉尾巴的蛇

蛇是如何感知温度和寻找猎物的呢？

躲避毒蛇的方法

蛇讨厌的气味有哪些？

哦，可怜的鬣蜥

鬣蜥是如何区分白天和黑夜的呢？

司爱蛇特别喜欢爬行动物，他是位狂热的爬行动物玩家。他家里有许多蛇的照片和影像资料，只要有朋友来玩，他就会拿出来向朋友炫耀。

最近，他的一个南美洲的朋友送给他一只鬣蜥，他一下子就对鬣蜥着了迷，每天都与它形影不离。有一天，他的朋友们因为好奇，来他家里看这只鬣蜥。

“鬣蜥是什么啊？”

“就是这家伙，可爱吧？”

“真是太羡慕你了，怪不得你每天都急着回家呢。”

司爱蛇先生被朋友们夸得心情大好，他高兴地去给朋友们冲咖啡。当他热情地端着香喷喷的咖啡走到客厅时却发现朋友们都围坐在客厅中间。司爱蛇先生马上就觉得不对劲，因为原本在客厅里活蹦乱跳的鬣蜥不见了。

“怎么了？出了什么事？”

“那个，那个……李大头就摸了摸它的头而已……”

“李大头，你这家伙！你到底做了什么？你把我的宝贝怎么了？”

“没有，我就是看它可爱，摸了摸它的头而已，你冤枉我了……”

“啊，我心爱的鬣蜥！都怪你！都怪你！我要为它讨回公道。”

司爱蛇先生悲痛欲绝，他将害死了自己心爱鬣蜥的朋友告上了生物法庭。

哦，可怜的鬣蜥

鬣蜥的头部有它用来感知白天和黑夜的脑上体。

摸了鬣蜥的头它就会死吗？让我们去生物法庭打探一下吧。

审　判　长：请被告方辩护。

盛务盲律师：就死了这么条长得像蛇一样的丑家伙，至于闹到法庭上来吗？都别瞎闹了。审判长先生，我们赶紧把这个案子结了，一起去吃蛇肉火锅吧。我相信只要吃一次，你就会爱上它的美味的。

审　判　长：真是个了不起的律师！请原告方举证。

BO律师：有请爱蜥会的代表李鬣蜥小姐出庭作证。

一位身穿黄色连衣裙的美丽女性坐在了证人席上。

BO律师：鬣蜥只要被摸了脑袋就会立刻死亡吗？更何况据李大头身旁的朋友所说，他根本没有用力摸鬣蜥的脑袋……

哦，可怜的鬣蜥

李鬣蜥小姐：死了？什么死了？

BO律师：本案就是为了鬣蜥的死……

李鬣蜥小姐：死什么死！律师先生，您去动物医院看看吧，鬣蜥肯定是活蹦乱跳的呢。

疑惑的司爱蛇先生赶紧给动物医院打了个电话，鬣蜥果然还活着。

BO律师：怎么回事？这个案子这就结束了？但是鬣蜥为什么要装死呢？这是恶作剧吗？

李鬣蜥小姐：如果抚摸鬣蜥的额头，它就会入睡。

BO律师：为什么呢？

李鬣蜥小姐：在鬣蜥的额头有一个小圆点，那是它的脑上体。脑上体是用来区分白天和黑夜的器官。如果有人按住它那里遮住了光线，它就会以为黑夜降临，在不知不觉中陷入沉睡。这时它会睡得很死，就算闹钟或是爆竹的声音也吵

不醒它呢。

BO律师：我不作任何辩护了。

审判长：法庭开始宣判。本案的原告在不了解鬣蜥特性的前提下，鲁莽地将朋友告上了法庭，闹出了这么荒唐的笑话。本案本来是针对鬣蜥之死的，但是现在鬣蜥既然还活着，本案就没有审理的必要了。本庭判决司爱蛇先生向朋友郑重道歉。

被砍掉尾巴的蛇

被砍掉尾巴的蛇

蛇是如何感知温度和寻找猎物的呢？

科学王国刮起了一股宠物旋风，其中的主角之一就是蛇。蛇有着敏捷的舌头、光滑的皮肤和冷酷的性格，一些动物爱好者们被蛇的这些魅力所吸引。于是他们成立了爱蛇会，还建立了各种保护蛇的组织。蛇先生是爱蛇会的成员，他放弃了原来的教授工作，专门来饲养蛇。蛇先生给自己养的蛇取了个名字叫波特，波特是蛇先生的心肝宝贝。

有一天，爱蛇会的成员们来蛇先生家串门，蛇先生第一次招待朋友来家里做客，他又是烤肉又是熬汤，十分热情，大伙也都吃得很高兴。吃饭的时候蛇先生还在不停地向朋友们称赞波特，大家都喜爱地抚摸着波特，把它视为珍宝。吃过晚饭后，蛇先生说波特睡觉的时间到了，于是把它带回了房间。

第二天早上，蛇先生一起床就跑去看波特，波特还在睡着。

“波特，睡得真乖啊！”

蛇先生关爱地摸了摸波特，但是他吓了一大跳，波特的尾巴掉了下来。

“这是怎么回事？谁把我们波特的尾巴揪下来了？昨天爱蛇会的人在的时候明明还是好着的……莫非是爱蛇会的人故意对我的波特使的坏？绝对不能原谅这个人！”

蛇先生气愤极了，他马上把爱蛇会的成员告上了生物法庭。他把波特看得比自己还重要，爱蛇会的人竟然揪掉了它的尾巴，简直不可原谅，一定要严厉地惩罚他们。生物法庭受理了本案。

被砍掉尾巴的蛇

在蛇的鼻孔和眼睛之间有一个名叫颊窝的感热器官。

蛇的尾巴是怎么断掉的呢？让我们去生物法庭了解一下吧。

审　判　长：现在请原告方陈述。

盛务盲律师：波特这条蛇是蛇先生的心肝宝贝，他甚至辞掉了教授的工作来专心饲养它。他还专门给它布置了一个房间，可以毫不夸张地说，波特是蛇先生一生最知心的朋友。但是爱蛇会的人走了之后，波特就受了重伤，它的尾巴竟然掉了一段。蛇先生看到波特受伤心里十分难过，他懊悔自己没能很好地照顾波特。波特受伤了，蛇先生感同身受，他甚至需要寻求心理医生的帮助。因此本律师认为爱蛇会的成员不仅要赔偿波特的医疗费，还要补偿蛇先生的精神损失。

审　判　长：好的，下面有请被告方辩护。

被砍掉尾巴的蛇

BO律师：我认为本案的关键在于找出到底是谁伤害了蛇，有请蛇保护协会的会长李保佘先生出庭作证。

一位五十来岁的男性坐在了证人席上。

BO律师：李保佘先生，为了证明您的权威性，您能告诉我们您对蛇有多了解呢？

李保佘先生：我3岁还不识字的时候就能说出各种蛇的名字了，7岁的时候在林业局举办的“列蛇名大赛”中夺得了冠军，15岁的时候在智力山观察研究蛇，还发表了文章。

BO律师：您的意思是您对蛇非常了解，是吧？

李保佘先生：那当然了，我还上过几次电视呢，您没看过吗？就是不怎么上相，我已经拜托电视台的人给我照好看点了，还是照得这么丑，哎呀，真是毁我的形象。

BO律师：啊，原来是这样啊。那我想请教您

几个问题。到底是谁弄断了波特的尾巴呢？原告主张说是爱蛇会的成员，但会员们都不承认，这到底是怎么回事呢？

李保佘先生：这个问题太简单了，很明显是蛇咬断了自己的尾巴。

盛务盲律师：您开什么玩笑！蛇怎么会咬断自己的尾巴呢？您以为蛇是傻子吗？

B O 律 师：我也想不明白，莫非蛇是因为睡觉时关了灯，看不到东西才误咬到了自己的尾巴？

李保佘先生：不是的，蛇不仅视力好，而且它们也不是靠视力来捕捉猎物的。它们有感热的能力，即使在漆黑的地方也可以捕捉猎物，攻击敌人。

B O 律 师：感热的能力？

李保佘先生：我在电视讲座上曾经提起过……我的讲座很好的，大家没事的时候多看看电视，既可以学习一点知识，嘿

被砍掉尾巴的蛇

嘿……又可以对我表示一下支持！那我先给大家做一个试验吧。

李保佘先生：这是个漆黑的屋子，没有一点光线，那个蠕动的物体是响尾蛇。在门旁边放着两个气球，一个装着热水，一个装着冷水。下面让我们移动这两个气球，您看到蛇攻击气球了吧？但是仔细看您就会发现，无论我们怎样移动它们的位置，蛇只攻击装有热水的气球，那是因为热气球会散发热量。蛇的鼻子和眼睛之间有一个能够感热的器官，叫作颊窝，这个器官里有一层薄膜，约0.025毫米，可以感知0.003摄氏度的温度变化。

BO律师：呜哇，太神奇了！蛇的颊窝都在相同的位置吗？

李保佘先生：哦，错了，不是这样的。响尾蛇和蟒蛇的颊窝在鼻孔下方，王蛇的颊窝是它嘴唇上的几个孔。明白了吧？

B O 律 师：啊，若非亲耳所闻，简直不敢相信，那我再请教最后一个问题，那蛇为什么会咬自己的尾巴呢？

李保佘先生：根据你刚才所说的，这大概和爱蛇会的成员抚摸它有关。他们抚摸蛇的尾部，导致那里的温度上升，蛇就会攻击自己的尾巴。

B O 律 师：原来是这样，非常感谢您的证词。审判长先生，李保佘先生已经为我们做了详细的说明。我的陈述就到这里。

审 判 长：现在宣判，本案是蛇的自残行为，因此法庭判决蛇先生向爱蛇会的会员们郑重道歉。

审判结束后，蛇先生真诚地向爱蛇会的会员们道了歉。大家都知道蛇先生是真心爱蛇，也就没跟他计较。第二年，蛇先生准备竞选爱蛇会的会长。大家认为蛇先生是

被砍掉尾巴的蛇

最合适的人选，于是推举他做了会长。下面是蛇先生的就职演说词：

“蛇和我们是一家人，蛇通过蜕皮才会成长，人也一样，有蜕变才会有成长。我会借这次机会像蛇一样做一次蜕变，使自己变得更加成熟，谢谢大家的支持。”

躲避毒蛇的方法

蛇讨厌的气味有哪些？

科学王国有一座银江山。银江山风景优美，是著名的景区。银江山的春天鲜花烂漫，夏天郁郁葱葱，秋天满山红叶，冬天银装素裹，可以毫不犹豫地说，这里是登山爱好者的天堂。

最近银江山上开通了缆车，方便了人们上山赏景，这里的游客也一下子多了起来。这么一来，负责银江山管理工作的导游协会进入了非常时期。

游客们现在都不愿意顺着指示牌一步一步地爬上山，而是更乐意坐着缆车轻松地到达山顶。

导游协会为了能够吸引游客的注意，制作了更加醒目的标识牌，写上了鼓舞人心的句子：

“会当凌绝顶，一览众山小！”

“用你的双脚征服银江山！直面人生的挑战！”

躲避毒蛇的方法

“与自然做朋友！缆车是人与自然的屏障！”

通过导游协会的努力，人们不再一味地贪图便利乘坐缆车了，有些人开始沿着指示牌体会登山的乐趣。但是导游协会又遇到了个大麻烦，导游伍德带着游客们登山的时候遇到了一条毒蛇。突如其来的毒蛇把伍德吓了一大跳，更糟糕的是在慌乱中，一名游客被毒蛇咬了一口。游客们认为导游在带领游客上山时没有做好准备工作，对突发状况束手无策，这是很不负责任的表现，于是他们将导游协会告上了生物法庭。

躲避毒蛇的方法

蛇有犁鼻器，可以感知外界的微弱气味。

躲避毒蛇的方法

如何躲避毒蛇的袭击呢？让我们去生物法庭长点见识吧。

审　判　长：现在请被告方辩护。

盛务盲律师：山里面当然会有蛇了，遇到蛇也是很正常的，这种事至于闹到法庭上来吗？又没有死人，只不过是被蛇咬了一口而已，是不是有点小题大作了呀。况且导游协会已经说过要支付全部的医疗费用，是他们自己拒绝的，到底想要怎么样嘛？导游只负责带领游客上山就行了，又不能阻止山上的蛇不出来咬人。难道要为了游客的安全除掉山上所有的蛇吗？

审　判　长：好，下面有请原告方举证。

BO 律 师：我们并不是要除掉山里所有的蛇，我们只是想让银江山的导游协会做好准备工作和预防措施。

盛务盲律师：毒蛇是自己跑出来的，我们能有什

么办法？

BO律师：有请在山中生活了18年的李老虎爷爷出庭作证。

留着帅气白胡子的李老虎爷爷迈着大步走了过来。

BO律师：李老虎爷爷，您在山中主要做什么工作呢？

李老虎爷爷：不仅要监督人们不要乱折树枝、乱扔垃圾，还为一些登山初学者提供帮助。

BO律师：山中可是蛇聚集的地方，那您遇到过蛇吗？

李老虎爷爷：当然喽。遇到蛇的话，只要一手抓住它的脖子用力一扭，它就完蛋了。我都遇到100多条蛇了。呵呵，我都快成了蛇的克星了。现在蛇都不敢出现在我面前了呢。

躲避毒蛇的方法

BO律师：那您遇到过毒蛇吗？

李老虎爷爷：毒蛇？那可难对付了，我也没有什么特别好的办法，只能用个小瓶子装上汽油随身带着。

BO律师：嗯？汽油？真的吗？我可从未听说。

李老虎爷爷：嗯，蛇特别讨厌汽油味，它们有个名叫犁鼻器的器官，这东西可以感知外界的气味。特别是对于汽油这种刺激性强的气味，它只要一闻到就会赶紧逃跑了。

BO律师：啊，原来是这样。原来还是有办法对付毒蛇的。

李老虎爷爷：那当然了，终于明白我的意思了吧。

BO律师：审判长先生，蛇有这种特性，而导游协会如果对此稍加了解的话，就不会发生游客被毒蛇咬伤的事情了。导游协会对事故防范的意识不足导致了本案的发生。因此导游协会应该向游客们郑重道歉，并赔偿受伤游客的医疗费。

躲避毒蛇的方法

审　判　长：我认同原告的看法，导游协会有责任保证游客的安全。在本案中，当蛇出现时，导游本可以采取一些简单的措施保护游客不受蛇的袭击，但是疏于防范的导游却对此束手无策，因此法庭认为导游协会应承担全部责任。

蛇与青蛙

蛇

虽然蛇的视力和听力并不好，但是它们可以通过犁鼻器来捕食猎物。蛇伸舌头是为了嗅空气中的气味，犁鼻器在蛇的上颚，当伸出口外的舌头缩回时，就将外界的气味分子带到犁鼻器中，这样它就可以闻到空气中的气味了。

蛇叼着猎物时是如何呼吸的呢？蛇的呼吸器官在下颚，即使叼着猎物时它也能呼吸。

蛇肚子和尾巴的界限在哪里呢？很多人都有过这样的疑惑。有一个简单的办法可以将它们区分开——只要数它的鳞片就可以了，蛇肚子上的鳞片是一个一个的，而尾巴上的鳞片是成对的。

蛇是如何听到声音的呢?

蛇没有耳郭，而且它们的耳孔也是封闭的，表面看上去蛇好像没有耳朵，但是在蛇的下颚附近隐藏着一个相当于耳朵的小器官。

蛇并不是通过空气来听声音的，而是通过下颚的骨头来感知地面的震动。

所有的蛇都有毒吗?

蛇是没有腿的爬行动物。全世界有2500多种蛇，其中只有600余种是有毒的，而可以致命的毒蛇只有150余种。

蛇的牙齿平时是收缩在口中的，咬到猎物时才会伸出来，它们的毒牙像针一样，在咬住猎物的同时会给猎物注入毒液。

有一种生活在撒哈拉沙漠的黑曼巴蛇，它们移动的速度相当快。大部分的蛇是产卵的，但是也有的蛇是胎生的，比如环蛇和海蛇。

青蛙为什么在下雨天不停地叫呢?

当青蛙还是蝌蚪时，它们跟鱼一样是用鳃呼吸的，变成青蛙、来到地面之后，它们开始用肺呼吸。但是奇怪的是青蛙的肺比起其他动物来要弱很多，它们不能像其他动物一样通过鼓起的肺部来吸收空气，它们要通过收缩下颚来将空气“咽进”肺里。

青蛙通过肺部的呼吸并不能满足对氧气的全部需求，因此它们同时用皮肤来呼吸。人也会通过皮肤呼吸，但是两者相比，青蛙用皮肤吸入体内的空气所占的比例要大得多。

青蛙的皮肤总是湿漉漉的，这是为了能够更好地吸收空气中的氧气。所以聪明的青蛙更喜欢夜晚和雨天，因为这时候它们的呼吸会更顺畅，感觉也更舒服。

与生物交个朋友

在写作这本书的过程中，有一个烦恼一直困扰着我。这本书究竟是为谁而写？对于这一点我感到无从回答。最初的时候，我想把这本书的读者定位为大学生和成人。但或许小学生和中学生对这些与生物密切相关的生活小案件也有极大的兴趣，出于这种考虑，我的想法发生了改变，把这本书的读者群定位为了小学生和中学生。

青少年是我们祖国未来的希望，是21世纪使我们国家发展为发达国家的栋梁之才。但现在的青少年好像对科学教育不怎么感兴趣。这可能是因为我们盛行的是死记硬背的应试教育，而不是让孩子们以生活为基础，去学习和发现其中的科学原理。

笔者虽然不才，可是希望写出立足于生活，同时又符合广大学生水平的生物书来。我想告诉大家，生物并不是多么遥不可及的东西，它就在我们身边。生物的学习始于我们对周围生活的观察，正确的观察可以帮助我们准确地解决生物问题。

图书在版编目(CIP)数据

生物法庭. 4，失踪的章鱼 / (韩) 郑玩相著 ；牛林杰等译.
—北京 ：科学普及出版社，2012.9
(有趣的科学法庭)
ISBN 978-7-110-07819-8

Ⅰ.①生… Ⅱ.①郑… ②牛… Ⅲ.①生物学－普及读物
Ⅳ. ①Q-49

中国版本图书馆CIP数据核字（2012）第191839号

著作权合同登记号：01-2012-0256

作　　者 [韩] 郑玩相
译　　者 牛林杰 王宝霞 朱明燕 窦新光 吕志国
汤 振 潘 征 吴 萌 陈 萍 黄文征

出 版 人 苏 青
策划编辑 肖 叶
责任编辑 邓 文
封面设计 阳 光
责任校对 林 华
责任印制 马宇晨
法律顾问 宋润君

科学普及出版社出版
北京市海淀区中关村南大街16号 邮政编码：100081
电话：010-62173865 传真：010-62179148
http://www.cspbooks.com.cn
科学普及出版社发行部发行
鸿博昊天科技有限公司印刷
*
开本：630毫米×870毫米 1/16 印张：6.75 字数：108千字
2012年9月第1版 2012年9月第1次印刷
ISBN 978-7-110-07819-8/Q・104
印数：1－10000册 定价：12.80元